EXPLORA LA NATURALEZA™

EXPLORA LA NATURALEZA™

El roble

POR DENTRO Y POR FUERA

Texto: Andrew Hipp
Ilustraciones: Fiammetta Dogi
Traducción al español: Tomás González

The Rosen Publishing Group's
Editorial Buenas Letras™
New York

Published in 2004 in North America
by The Rosen Publishing Group, Inc.
29 East 21st Street, New York, NY 10010

First Edition

Book Design:
Andrea Dué s.r.l., Florence, Italy

Illustrations:
Fiammetta Dogi and Studio Stalio
Map by Alessandro Bartolozzi

Scientific advice for botanical illustrations:
Riccardo Maria Baldini

Spanish Edition Editor: Mauricio Velázquez de León

Library of Congress Cataloging-in-Publication Data
Hipp, Andrew.
[Oaks, inside and out. Spanish]
El roble, por dentro y por fuera / Andrew Hipp;
traducción al español Tomás González.
    p. cm.— (Explora la naturaleza)
Summary: Discusses what a valuable resource oak trees are and describes
their various parts, including roots, trunks, leaves, flowers, and acorns.
Includes bibliographical references (p.).
ISBN 1-4042-2864-0
1. Oak—Juvenile literature. [1. Oak. 2. Trees. 3. Spanish
language materials.] I. Title. II. Getting into nature. Spanish.
SD397.O12H5618 2003
634.9'721–dc22
                                                                    2003058745

Manufactured in Italy by Eurolitho S.p.A., Milan

Contenido

Los robles

Los robles son árboles fuertes que viven cientos de años. Los **ácidos tánicos** de las hojas y la corteza los protegen de los hongos y los insectos. El tronco almacena agua, que el árbol utiliza durante las épocas de sequía. Si se queman o se los comen los animales, los robles envían nuevos brotes desde las raíces. Muchos robles tienen corteza gruesa que los protege de los incendios. Por esas razones el roble es una de las **especies** más importantes de muchos bosques y de otros **ecosistemas**.

Los robles son valiosos para muchas culturas. En algunos lugares del mundo la gente cultiva bosques pequeños de roble, que son cosechados regularmente. Se cortan los troncos jóvenes cada 15 a 30 años y se utiliza la madera como leña para calentar las casas y cocinar. Los robles, que han almacenado energía en las raíces, brotan de nuevo y forman numerosas ramas delgadas.

Robles de todo el mundo

Se cree que los robles **evolucionaron** en Norteamérica, Europa y Asia hace 40 y 60 millones de años. Lo más probable es que los primeros robles hayan sido europeos y asiáticos, pero la mayoría de las especies evolucionaron de los robles americanos cuando sus bellotas fueron transportadas por el trozo de tierra que conectaba Norteamérica con Asia hace más de 15 millones de años.

Se cree que los robles son árboles de clima moderado. Pero en las regiones tropicales del mundo también crecen muchas variedades. Sólo en México se encuentran 140 especies de roble. A diferencia de los robles norteamericanos y europeos, que pierden las hojas durante las estaciones frías o secas, los robles tropicales las conservan todo el año.

Hojas y bellotas del roble común (*Quercus robur*)

6

EL HÁBITAT Y LA DIFUSIÓN DE LOS ROBLES

EUROPA

ASIA

ÁFRICA

SUDAMÉRICA

AUSTRALIA

Hojas y bellotas
del roble pubescente
(*Quercus pubescens*)

Raíces y brotes de los robles

Las raíces sujetan el roble al suelo. Las partes más jóvenes de la raíz se encuentran cerca de las puntas. Están cubiertas de pelos y de hongos especiales que les permiten absorber agua y **minerales**. Las partes más viejas de las raíces son leñosas y están envueltas en corteza. Estas se conectan con el sistema que produce los brotes, el cual está compuesto por el tronco, las ramas, las hojas y las flores, es decir, las partes que crecen por encima del suelo.

Abajo, de izquierda a derecha: Crecimiento de un roble húngaro (*Quercus petraea*) y de sus raíces, desde la bellota hasta el árbol joven.

La raíz es la primera parte del roble que sale de las bellotas. La raíz puede crecer 1 pie y medio (45 cm) bajo tierra en menos de un año. La planta sigue creciendo y esta raíz primaria produce

Roble de un año

bellota

raíz primaria

planta del roble

raíces laterales

raíces alimentadoras

Derecha: Las raíces del roble producen
el carbono que permite el crecimiento en las
cercanías de hongos comestibles y otros hongos.
Los hongos a su vez producen fósforo, sustancia
nutritiva importante que baja hasta las raíces
del roble.

raíces laterales que se extienden a distancias
de hasta 45 pies (13 metros) del árbol. De
estas nacen las raíces alimentadoras. Algunas
de ellas crecen hacia arriba hasta llegar al
suelo rico en **nutrientes** que está cerca de
la superficie; otras se extienden hacia abajo,
en busca de agua y minerales. Las raíces
de los robles de lugares secos
alcanzan hasta 25 pies (7.6 m)
de profundidad.

Roble
joven

Hongos
comestibles
(*Boletus edulis*)

El tronco del roble

La madera del tronco de los robles contiene sámago y duramen. El sámago transporta agua y minerales de la raíz a las hojas. El duramen almacena los productos de desecho del árbol. Envolviendo el tronco está la corteza interior, que lleva el alimento de las hojas al resto del

Abajo, izquierda: Interior del tronco de un roble.

Duramen. Madera que ya no conduce agua. A menudo es de color más oscuro.

Médula. Tejido del centro de un brote que no contiene agua.

Rayo. Transporta y almacena agua y sustancias nutritivas.

Sámago. La parte joven y activa del tronco.

Corteza exterior (muerta).

Corteza interior (viva). Transporta azúcares desde las hojas hasta el tronco y las raíces.

Cámbium vascular. Capa sencilla de células que cada año produce sámago nuevo y nueva corteza interior.

árbol, y la corteza muerta
exterior, que lo protege del
fuego y de los animales.
Entre la corteza interior y el
sámago hay una delgada
capa de células llamada
cámbium vascular.

Cada año el cámbium
vascular produce una
capa de sámago y una
capa de corteza interna.
En muchos robles, el
primer sámago producido
en la primavera tiene
vasos muy anchos. Estos
vasos contienen grandes
cantidades de agua de las
copiosas lluvias, en tanto
que los vasos producidos
en el verano y el otoño
son mucho más estrechos.
La diferencia en el grosor
de los vasos crea los anillos
anuales de crecimiento.

De árbol a tabla

La madera del roble está compuesta, en su mayor parte, de fibras fuertes y vasos que transportan agua. Los vasos empiezan como células vivientes que forman paredes gruesas y resistentes. Dichos vasos se juntan con las fibras y le dan la fortaleza a la madera. Los vasos mueren pronto y quedan huecos. Van de extremo a extremo del árbol y transportan agua y minerales desde las puntas de las raíces hasta cada una de las hojas. En algunos robles, los vasos más viejos se obstruyen con abultamientos semejantes a balones, llamados tilosis, que impiden que los vasos transporten agua. Los robles con tilosis son los mejores para fabricar barriles y barcos veleros, ya que evitan que la madera deje pasar el agua.

Como los robles crecen muy lentamente, los bosques tardan mucho tiempo en crecer cuando han sido talados.

Izquierda y arriba: La madera del roble es densa y fuerte, razón por la cual se utiliza a menudo para construir casas y muebles.

Arriba, derecha: Modo de cortar los troncos de roble a fin de obtener tablas para construir casas y muebles.

Derecha: Una estufa que produce calor al quemar madera. Como la madera de roble es tan densa, arde durante largo tiempo y produce mucho calor. Los robles le han dado leña a los seres humanos durante siglos, ayudándoles a sobrevivir incluso en los más crudos inviernos.

Las hojas del roble

Los seres vivos están compuestos en su mayor parte de carbono. Los seres humanos y otros animales obtienen el **carbono** de los alimentos. Parte del carbono que ingerimos se convierte en un gas llamado dióxido de carbono, que exhalamos con el aliento. Las plantas verdes, como los robles, obtienen el carbono del dióxido de carbono que nosotros y otros seres vivos exhalamos.

El dióxido de carbono llega a las hojas de los robles a través de poros o agujeros, llamados estomas. En el interior de la hoja, una sustancia llamada **clorofila** mezcla el dióxido de carbono con agua. La clorofila utiliza la energía de la luz solar para convertirlos en azúcar y oxígeno. Este proceso se llama **fotosíntesis**. El azúcar de las hojas del roble se convierte en madera, corteza, flores, hojas y bellotas. Las hojas expelen el oxígeno, que respiran los seres humanos y otros animales.

Los dos lados de la hoja de un roble común (*Quercus robur*).

1. Este es el interior de la hoja de un roble. En la parte de arriba y abajo se encuentran las capas epidérmicas de la hoja. En su interior están las células mesófilas, en donde se lleva a cabo la fotosíntesis.

2. Célula mesófila que contiene cloroplasto, la parte de la célula donde se realiza la fotosíntesis. La vacuola es la parte de la célula donde se almacena aire y líquido. El núcleo es el centro alrededor del cual crece la célula.

3. Acercamiento de un cloroplasto. Los objetos verdes se llaman grana. Estos están formados de tilacoides, que son membranas que controlan el movimiento de azúcar y agua hacia el cloroplasto, ayudando a que la fotosíntesis se lleve al cabo.

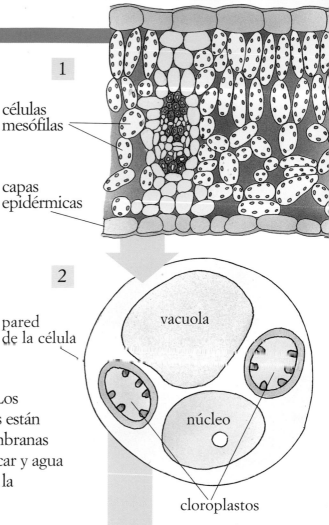

1

células mesófilas

capas epidérmicas

2

vacuola

pared de la célula

núcleo

cloroplastos

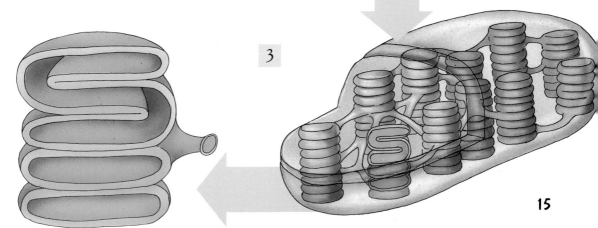

3

15

Las flores del roble

Los robles producen flores macho y flores hembra. Las flores macho cuelgan en largas inflorescencias que producen enormes cantidades de polen.

En los días de viento, al principio del crecimiento, nubes de polen salen de las flores macho y se depositan en los estigmas abiertos de las flores hembra. Los estigmas salen de las flores y reciben el polen. Cuando el grano de polen se posa, el estigma envía un mensaje químico para que el polen produzca un tubo delgado y largo, que baja por el interior de la flor hembra y fertiliza los óvulos.

Arriba: Encino de Turquía florecido (*Quercus cerris*).

Las flores hembra del roble contienen seis óvulos. Por lo general sólo uno madura y se convierte en semilla. Los otros cinco mueren.

Muchos robles producen flores macho en la parte alta del árbol, donde el viento sopla con fuerza sobre el polen y lo lleva lejos. La flores hembra aparecen en las ramas nuevas, distribuidas por todo el árbol.

Es posible saber dónde ha habido flores hembra por las bellotas que formaron.

Izquierda: Flor hembra de un *Quercus ilicifolia.*

Arriba: Flor macho de un roble *Quercus ilicifolia* con anteras.

Flor hembra

Amento

Flor macho

Izquierda: Roble *Quercus ilicifolia* florecido.

Las bellotas

Alcornoque
(Quercus suber)

bellota

cúpula

semilla dividida
(cotiledones)

cáscara

Las bellotas son las nueces que producen los robles. Dentro de cada bellota hay una semilla dividida en dos hojas o cotiledones que ajustan como las dos mitades de una naranja. Estos cotiledones contienen alimento almacenado por el árbol. Encajado entre las dos mitades se encuentra el embrión de la planta. Una dura cáscara cubre la semilla.

Algunas de las bellotas caen en lugares húmedos en los que se desarrollan. Los cotiledones se expanden y forman una raíz hasta el suelo. Muy pronto un retoño aparece y empieza a crecer desde la bellota. Durante los dos primeros años de vida los robles reciben la mayor parte de su energía de los cotiledones.

Roble común
(Quercus robur)

18

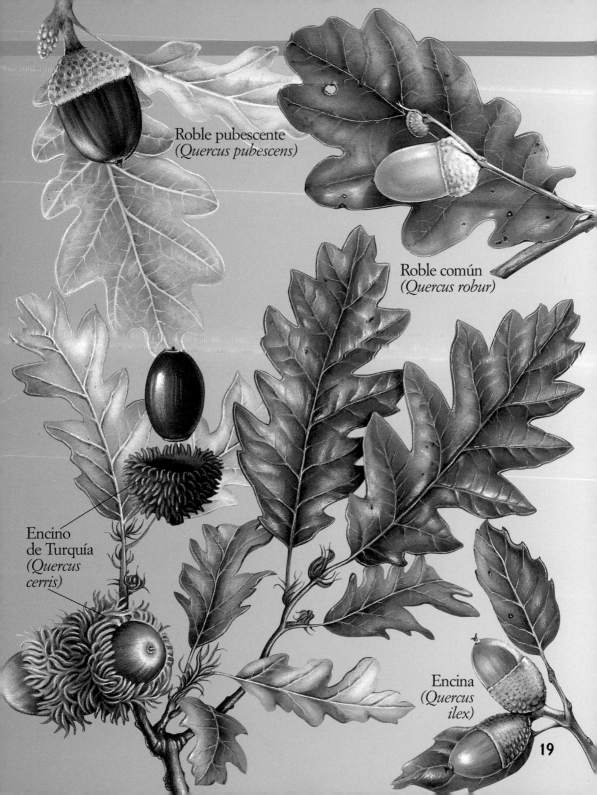

Roble pubescente
(*Quercus pubescens*)

Roble común
(*Quercus robur*)

Encino
de Turquía
(*Quercus
cerris*)

Encina
(*Quercus
ilex*)

19

¿Quién planta las bellotas?

Las bellotas son el alimento preferido de muchos animales como ratones, ardillas, venados y osos, que se las comen antes de que crezcan. Otras quedan en las cavidades de los árboles o en madrigueras bajo tierra, donde no pueden brotar. Algunos animales, sin embargo, como los arrendajos y las ardillas, esconden las semillas en huecos en el suelo, pero no pueden comérselas todas. Esas semillas que no alcanzan a comerse, se convierten en robles.

Arrendajo azul
(*Garrulus glandarius*)

Abajo, izquierda:
Desde que los seres humanos domesticaron a los cerdos, han acostumbrado llevarlos a los bosques de robles para que se alimenten de bellotas.

Ardilla gris
(*Sciurus carolinensis*)

Los arrendajos azules norteamericanos entierran muchas de las bellotas que recogen, a fin de alimentarse con ellas en el invierno. Los arrendajos azules sólo recogen bellotas que no tengan demasiados insectos. Los insectos hambrientos son capaces de devorar una pila de bellotas antes de que el arrendajo vuelva por ellas. Las ardillas también tienen cuidado de almacenar sólo bellotas que puedan durar hasta el invierno. Si la ardilla recoge una bellota llena de insectos, se la come de inmediato, con insectos y todo.

Arriba: Carpintero bellotero (*Melanerpes formicivorus*) y sus bellotas escondidas.

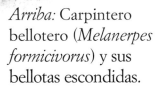

Ardilla listada (*Tamias minimus*)

¿Qué pasó con las palomas viajeras?

Antes del año 1900, las palomas viajeras comían más bellotas de roble que cualquier otro animal. Al igual que los arrendajos azules, podían transportar las bellotas a grandes distancias. Esta especie de paloma probablemente ayudó a la difusión de los robles. Las palomas viajaban en grandes bandadas, algunas de ellas con decenas de millones de palomas. Se decía que ocultaban el sol a su paso como una gran nube y oscurecían el cielo en pleno medio día. En pocos años, las palomas viajeras eran capaces de limpiar de bellotas un bosque entero.

En la década de 1800, los cazadores enviaron cada año millones de palomas viajeras a los restaurantes. Mataron tantas que, de las inmensas bandadas quedaron sólo unas pocas docenas de palomas. Para 1900 estaban **extintas** en sus hábitats naturales.

La paloma viajera norteamericana se extinguió antes de que los científicos pudieran estudiar su historia con detalle. Es posible que jamás sepamos lo importante que fue para la difusión de los bosques de roble que conocemos hoy.

Al abrigo del roble

Muérdago

Los robles son una fuente importante de vivienda y alimento para muchos animales, entre ellos los insectos que fabrican **agallas**, como algunas avispas y moscas. Estos insectos insertan los huevos en las yemas, ramas y hojas de los robles. Las sustancias químicas de los huevos o de las larvas que salen de ellos hacen que en la

Arriba: Los animales no son los únicos seres vivientes que dependen de los robles para su vivienda. Un grupo de plantas, los muérdagos, producen semillas que se pegan a las ramas de los robles. Cuando las semillas germinan, las raíces del muérdago se hunden en la corteza y las ramas y succionan agua y otras sustancias nutritivas.

Izquierda: Hongo *Panellus stipticus,* que puede crecer en la oscuridad.

planta se forme una hinchazón que le
sirve de nido al pequeño insecto.

Estos insectos prefieren los robles debido
a que su alto contenido de ácido tánico
protege a las crías contra los hongos y otros
insectos que podrían atacarlos.

Trata de encontrar un roble, cerca
de tu casa, que puedas
observar todo el año.
¿Qué pájaros lo visitan?
¿Qué insectos viven
en él? Descubrirás
que en tu roble viven más
criaturas de las que imaginabas.

*Agalla producida
por una avispa
Andricus kollari.*

Derecha: Hongos
Armillaria mellea
en el tronco y las
ramas de un roble.

Glosario

ácidos tánicos (los) Sustancia que le da fortaleza a las plantas.

agalla (la) Abultamiento anormal que aparece en las plantas y es producido por los huevos de un insecto u otro organismo.

carbono (el) Sustancia química de la que están hechas todos los seres vivientes y todas las cosas orgánicas no vivientes.

clorofila (la) Sustancia verde que, en la mayoría de las plantas, transforma la energía del sol en alimento.

ecosistemas (los) Grupos de seres vivientes que habitan en una misma zona y comparten sus elementos.

especie (la) Un solo tipo de planta, animal u otro ser viviente.

evolucionar Crecer, cambiar con el tiempo.

extintos (-tas) Que dejaron de existir.

fotosíntesis (la) Proceso mediante el cual las plantas de color verde convierten la luz del sol en dióxido de carbono y transforman el agua en azúcar y oxígeno.

germinar Comenzar a crecer a partir de una semilla o espora.

larva (la) Insecto en la fase inicial de su vida. Es muy diferente a lo que será en su fase adulta.

minerales (los) Elementos naturales de la tierra, muchos de los cuales necesitan las plantas para su buena salud.

nutrientes (los) Sustancia que alimenta a seres vivos y los mantiene sanos y fuertes.

óvulos (los) Estructuras que crecen en el interior de las plantas para convertirse en semillas.

oxígeno (el) Gas en el aire y en el agua. Los seres humanos y los animales necesitamos respirar oxígeno para sobrevivir.

polen (el) Partículas pequeñas que contienen parte del material necesario para producir la semilla de una planta.

tropical Áreas del planeta de altas o moderadas temperaturas que permite el crecimiento de las plantas durante todo el año.

Índice

Sitios Web

Debido a las constantes modificaciones en los sitios de Internet, Editorial Buenas Letras ha desarrollado un listado de sitios Web relacionados con el tema de este libro. Este sitio se actualiza con regularidad. Por favor, usa este enlace para acceder a la lista:

www.buenasletraslinks/nat/roble

Acerca del autor

Andrew Hipp trabaja como naturalista en Madison, Wisconsin, desde 1993. Actualmente está terminando la tesis para su doctorado de botánica en la Universidad de Wisconsin. Andrew y su esposa, Rachel Davis, trabajan juntos en una guía ilustrada de las juncias comunes de Wisconsin y esperan el nacimiento de su primer hijo.

Reconocimientos: En este libro se toma información de las investigaciones y escritos de B. Avidan, L. Ferguson, M. Rosenblum, J.M. Taylor, C. Vitagliano, C. Voyiatzi, C. Xiloyannis y sus fuentes y colaboradores. El autor agradece al Dr. Ferguson la revisión de un borrador del presente libro.

Créditos fotográficos